小实验串起科学史（全20册）

从摩擦力到轮胎的出现

路虹剑 / 编著

化学工业出版社

·北京·

图书在版编目（CIP）数据

小实验串起科学史．从摩擦力到轮胎的出现 / 路虹剑
编著．—北京：化学工业出版社，2023.10
ISBN 978-7-122-43908-6

Ⅰ．①小… Ⅱ．①路… Ⅲ．①科学实验 - 青少年读物
Ⅳ．①N33-49

中国国家版本馆 CIP 数据核字（2023）第 137329 号

责任编辑：龚 娟 肖 冉　　　　　　装帧设计：王 婧
责任校对：宋 夏　　　　　　　　　　插　画：关 健

出版发行：化学工业出版社（北京市东城区青年湖南街 13 号 邮政编码 100011）
印　　装：盛大（天津）印刷有限公司
710mm×1000mm　1/16　印张 40　字数 400 千字
2024 年 4 月北京第 1 版第 1 次印刷

购书咨询：010-64518888
售后服务：010-64518899
网　　址：http://www.cip.com.cn
凡购买本书，如有缺损质量问题，本社销售中心负责调换。

定价：360.00 元（全 20 册）

在小小的实验里挖呀挖呀挖，挖出了一部科学史！

　　一个个小小的科学实验，好比一颗颗科学的火种，实验里奇妙、有趣的科学现象，能在瞬间激起孩子的好奇心和探索欲。但这些小实验并不是这套书的目的和重点，它们只是书中一连串探索的开始。

　　先动手做一个在家里就能完成的科学实验，激发孩子的好奇，自然而然地，孩子会问"为什么"，这时候告诉他这个实验的科学原理，是不是比直接灌输科学知识更能让孩子接受呢？

　　科学原理揭秘了，孩子的思绪就打开了，会继续追问：这是哪位聪明的科学家发现的？他是怎么发现的呢？利用这个科学发现，又有哪些科学发明呢？这些科学发明又有哪些应用呢？这一连串顺

理成章、自然而然的追问，是不是追问出一部小小的科学史？

你看《从惯性原理到人造卫星》这一册，先从一个有趣的硬币实验（实验还配有视频）开始，通过实验，能对经典物理学中的惯性有个直观的了解；紧接着通过生活中的一些常见现象来加深对惯性的理解，在大脑中建立起看得见摸得着的物理学概念。

接下来，更进一步，会走进科学历史的长河，看看是哪位伟大的科学家首先发现了惯性原理；惯性原理又是如何体现在宇宙中星体的运动里的；是谁第一个设计出来人造卫星，这和惯性有着怎样的关系；我国的第一颗人造卫星是什么时候发射升空的……

这套书共有20个分册，每一个分册都有一个核心主题，从古代人类文明，到今天的现代科技，内容跨越了几千年的历史，能读到伽利略、牛顿、法拉第、达尔文等超过50位伟大科学家的传奇经历，还能了解到火箭、卫星、无线电、抗生素等数十种改变人类进程的伟大发明的故事。

这套书涉及多个学科，可以引导孩子在无数的"问号"中深度思考，培养出科学精神、科学思维、科学素养。

目录

轮胎是人类历史上一个里程碑式的发明。因为有了轮胎的发明问世，汽车才能更平稳和快速地行驶，加速了汽车工业的蓬勃发展，同时也提升了人类的生活质量。

那么从古代的轮子到今天的轮胎，都经历了哪些伟大的历史时刻？其中又隐藏着哪些有趣的科学知识？让我们先从一个小实验开始了解。

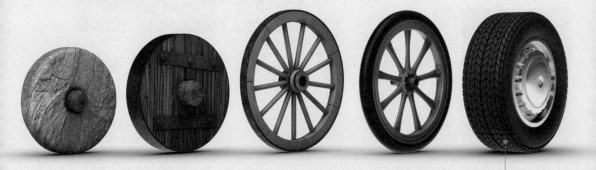

轮胎见证了人类文明的发展

小实验：筷子提米

你相信吗？一根普通的筷子可以将一大瓶米提起来！这是为什么呢？

实验准备

木筷、装满大米的饮料瓶。

扫码看实验

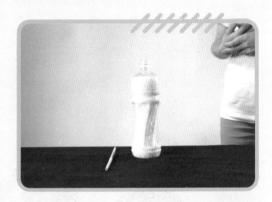

实验步骤

1

我们将筷子的 1/3 插入米中，向上提筷子，此时发现用筷子是提不起瓶子的。

2 我们再将筷子的 2/3 插入大米中，然后再试一试。

3 再次向上提起筷子，装大米的瓶子被完全提起来了。这是为什么呢?

实验背后的科学原理

在筷子提米的实验中，由于瓶子里的米粒和筷子之间产生挤压，使得瓶子、筷子和米粒紧紧地挤在一起，米粒和筷子之间的摩擦力会增加。

将筷子向上提起时，米粒和筷子之间的摩擦力会阻碍筷子向上运动，结果导致筷子反而把米粒和瓶子一起提了起来。

而在一开始的实验中，筷子插入米粒中的部分比较浅，接触的米粒少，所以产生的摩擦力比较小，无法把米粒和瓶子一起提起来。

如果没有摩擦力，我们还能走路吗？

上面这个实验恰好应用到了物理学上的摩擦力概念。说起摩擦力，其实和我们的生活息息相关。例如当我们走路时，脚和地面会产生摩擦力，不仅有助于我们保持平衡，而且还能为前进提供水平方向的推动。也就是说，没有摩擦力，我们就不能行走，甚至不能爬行。

那么，作为经典力学中的一个重要概念，摩擦力是怎么被发现，又是如何改变人类生活的？

深入研究摩擦力的第一人：达·芬奇

对于摩擦力，其实在上千年之前人们就已经有了这方面的意识。罗马帝国时期的哲学家泰米斯提乌斯约在公元 350 年提出："推动运动的物体，比推动静止的物体更容易。"这句话其实指的就是静摩擦力。

"万能巨匠"
列奥纳多·达·芬奇

　　而真正对摩擦力有深入研究的，其实是意大利文艺复兴时期的列奥纳多·达·芬奇（1452—1519）。他不仅是一位伟大的画家，还是自然科学家和工程师。

　　我们都知道达·芬奇一生创作了很多伟大的艺术作品，例如大名鼎鼎的《蒙娜丽莎》《最后的晚餐》等，但让人意外的是，他还对物理与机械有很深入的研究。

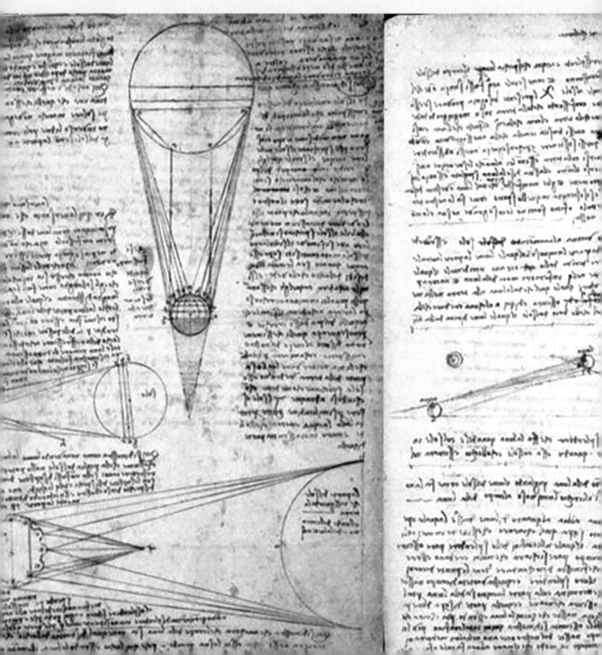

根据历史记载，达·芬奇是最早系统研究摩擦的学者之一。他非常清楚，摩擦是他设计革命性机器的一个限制因素。他在这一课题上研究了 20 多年，从他精美的插图笔记和草图就可以看出这一点。

达·芬奇的
插图笔记和草图

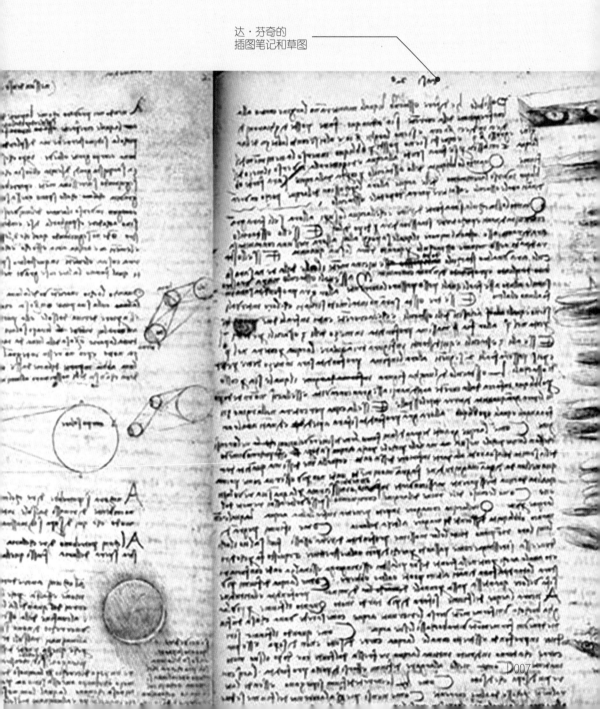

　　达·芬奇区分了滚动摩擦和滑动摩擦，并观察到表面粗糙度对移动不同材料的难易程度有影响。他的摩擦学实验可能是由他的好奇心推动的，但也许更多来自他务实的天性，因为他需要可靠的机械解决方案来设计他的组件。

　　在达·芬奇的笔记本中，我们可以找到他研究简单石块摩擦的证据，还有研究螺纹、轮子和轴的证据。

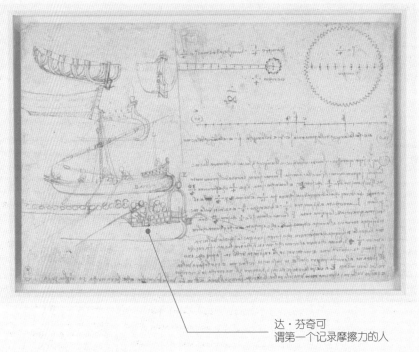

达·芬奇可谓第一个记录摩擦力的人

　　达·芬奇是第一个通过设计使用绳子、滑轮和重量的实验，研究摩擦定律的人。

　　草图和文字批注表明，早在 1493 年，达·芬奇就已经想清楚了关于摩擦力的基本原理。他认为两个平面之间的摩擦力与作用于其本身的力成正比，和两个物体之间的接触面积无关。如果物体的载荷增加一倍，其摩擦力也会增加一倍。

　　而我们现在普遍认可的"库仑摩擦定律"，比达·芬奇的研究晚了整整两百年。

关于摩擦力，
你知道多少？

　　通俗地讲，摩擦力是一个物体与另一个物体摩擦时产生的力。摩擦的作用方向通常与物体运动方向相反此时摩擦力是不利于运动的。比如，当我们推动箱子时，箱子底面和地面接触会产生摩擦力，我们的推力大于摩擦力时才能推动它往前移动。

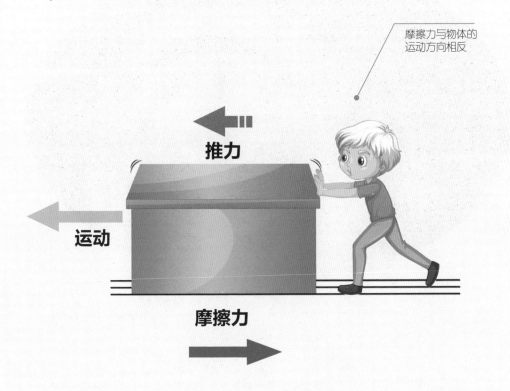

摩擦力与物体的
运动方向相反

推力

运动

摩擦力

　　摩擦力的大小和接触表面有关：在同样的压力下，当相互接触的表面粗糙时，就会产生更多的摩擦；当相互接触的表面光滑时，产生的摩擦就会少一些。这就是为什么我们走在路上比走在冰上更容易。

在物理学领域，摩擦有不同的类型，比如最常见的干摩擦，通常发生在两个接触的固体表面之间，如果它们不动，就叫作静摩擦，如果它们运动，此时叫作动力摩擦或滑动摩擦。

除此之外，流体摩擦也很常见，比如飞机在飞行时遇到的空气阻力，或是船在行进时和水发生的摩擦，都属于流体摩擦。

车轮和地面产生滚动摩擦

最后一种常见的摩擦类型是滚动摩擦，指的是一个圆形物体在滚动时所产生的接触摩擦力，比如一个球或一个车轮。

关于摩擦的有趣事实

虽然轮子很适合滚动也能减少摩擦，但没有摩擦它们就不能工作。

如果没有摩擦，我们想要站起来真的很难。

两个固体的干摩擦会产生静电。

水上乐园经常应用流体摩擦，使我们可以从巨大的滑梯上平稳快速地滑下来。

水上乐园的滑梯应用了流体摩擦

小实验：分不开的书

如何将两本书紧紧地连在一起呢？很多人首先想到的是用胶水或订书器，其实，我们只需要借助一下摩擦力就能实现。通过下面这个小实验来验证一下吧。

实验准备

厚度相同的两本书。

扫码看实验

实验步骤

1

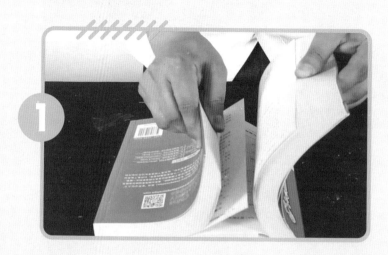

将两本书的书页互相插合在一起。

两本书全部插合完之后，横向用力向两边拽，看看会有怎样的结果？

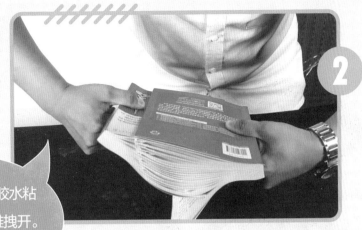

两本书好像被胶水粘在一起似的，很难拽开。这是为什么呢？

　　摸一摸书中的纸，你就能感觉到，每一页都是粗糙的。每一页纸也是有重量的，所以上面的纸对下面的纸是有压力的。压力在粗糙的纸上会产生摩擦力，两本书一页一页地叠起来，压力会随着书页的增多而加大，摩擦力也随之增大，两本书就紧紧地结合在一起分不开了。

　　无论是行走、骑车、开车，还是飞机起飞，我们的生活离不开摩擦力。时至今日，摩擦力最为重要的应用之一，就是轮胎的发明。这其中经历了哪些历史大事件呢？我们接着往下看。

人类最早使用的车轮

人类最伟大的发明——轮子最早可以追溯到公元前 3500 年的新石器时代，最早的轮子是用石头或木头制作的。

轮子的使用最初是从农业开始，很快被用于从战车到各种运输工具上，是人类技术进步的象征。你能想象没有轮子的生活吗？

人类最早使用的轮子是用石头或木头制成

许多研究人员认为，人类历史上的第一辆独轮车是中国人发明和制造的。考古发现，最早的独轮车形象出现在我国汉代的墓壁画和砖墓浮雕上。

装有铁圈车轮的凯尔特战车

公元前 1 世纪，凯尔特战车上使用了铁圈车轮。在那之后很长一段时间，车轮没有发生什么重大变化。直到 1802 年，有人注册了钢丝辐条的专利。这种钢丝辐条由一段穿过车轮边缘的钢丝组成，并在两端固定住轮毂。在接下来的几年里，这种钢丝辐条演变成了我们今天在自行车上看到的车圈辐条。

第一个发明自行车的人

公元 1790 年，法国人西夫拉克研制出木制自行车，车的外形像一匹木马的脚下钉着两个车轮，两个轮子固定在一条线上。

西夫拉克
研制出的木制自行车

车轮的主要问题之一是磨损。虽然围绕中心轴的持续转动非常适合搬运重物和快速移动，但车轮会随着时间慢慢磨损。一块碎片、一块岩石对车轮的磨损就有可能使轮子不再转动，或是使整个车轮脱落。

是谁发明了轮胎?

随着需求增加,人类需要的是一种可消耗的车轮涂层,它可以吸收损伤,耐磨损,然后很容易替换,而且价格比全新的车轮便宜得多。此时,工业上的硫化技术出现了。

硫化技术是用硫黄加热橡胶,把橡胶从一种黏稠的软材料变成一种坚硬高弹的材料。这种橡胶强度大,能承受合理的损伤,减震效果好;但同时,实心橡胶制成的轮胎很重,操控性不是很好。

怎么办呢? 人们还需要进一步改进橡胶轮胎。这时一个著名的人物出现了。

发明充气轮胎的邓禄普曾是一位兽医

　　1888 年在英国的贝尔法斯特，兽医约翰·博伊德·邓禄普成功地制造了第一个充气轮胎。邓禄普当时已经很富有，拥有成功的兽医诊所，但在他的儿子抱怨实心橡胶轮胎的自行车骑起来太费劲后，他开始研发新型轮胎。

　　事实证明，这款产品设计获得成功。推出一年后，采用充气轮胎的自行车在爱尔兰和英国的自行车比赛中获胜。在接下来的几年里，邓禄普和托马斯·汉考克等人努力开发所有车辆的轮胎，从自行车到汽车和卡车。从 1890 年到 1920 年，橡胶充气轮胎经历了一系列的发展。

早期装有
充气轮胎的自行车

　　紧接着，到 20 世纪 20 年代，合成橡胶已经被开发出来用于制造轮胎；在随后的几十年里，"斜交"轮胎成为很多车辆使用的轮胎。这些轮胎由两个独立的部分组成——内胎和外胎，内胎是用来加压的，外胎是用来保护内胎的。

　　第二次世界大战后，米其林公司开发了子午线轮胎，这是轮胎发展的一大步。到 20 世纪 70 年代早期，子午线轮胎开始成为汽车轮胎的主导。伴随着汽车制造业的蓬勃发展，时至今日，每年有数十亿个轮胎被生产出来。

随着汽车工业的发展，每年有数十亿轮胎被生产出来

谁是"汽车之父"？

作为人类最伟大的发明之一，汽车的出现让人们享受到了出行的便捷，并大幅提升了世界经济发展的速度。那么，你知道是谁发明了汽车吗？

他就是本茨。本茨全名为卡尔·弗里特立奇·本茨（1844—1929），德国著名的发明家、工程师，他是戴姆勒－奔驰汽车公司的创始人之一，也是现代汽车工业的先驱者之一。为纪念其对汽车行业做出的杰出贡献，后人将其誉为"汽车之父"。

1872 年，近 30 岁的本茨创建了本茨铁器铸造和机械工厂，这家公司主要生产建筑材料。可是，由于当时建筑业不景气，他

"汽车之父"卡尔·本茨

的公司面临倒闭的危机。为了营救公司，本茨开始从事当时能够带来高利润的发动机制造业，在经历了许多挫折后，他终于研制出了单缸汽油发动机，并将其应用在自己设计的三轮车架上，发明了世界上第一辆现代汽车。

1886 年 1 月 29 日，本茨成功为他的这项发明申请了专利，这一天被世人确认为汽车的"生日"，这一年被称为"汽车元年"。

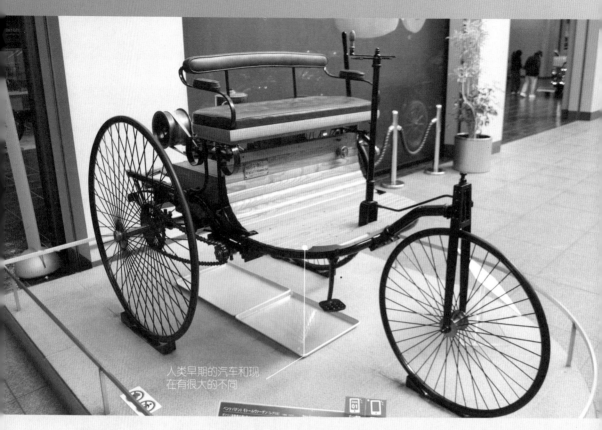

人类早期的汽车和现在有很大的不同

自行车上的摩擦力

你一定骑过自行车吧？除了自行车轮胎和地面会产生摩擦力以外，我们在自行车上还可以发现许多运用摩擦力之处。可以说，摩擦力是每一辆自行车身上必备的"秘密武器"。

首先来说，车把手和蹬板套上有凹凸不平的花纹，都是为了增大摩擦力而设计的。这能让我们使用时不容易打滑，有助于我们对自行车的控制。

另外，自行车的刹车皮是用磨砂皮制作的。在刹车的时候，粗糙的刹车皮和车轮之间的摩擦力大大增加，从而达到刹车的目的。

若发现蹬自行车比以往费劲，可以在车轴上涂润滑油，这样就可以减小摩擦力，使骑车更加轻松。

自行车和物理中的摩擦力关系密切

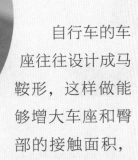

车座的设计也含有很多科学原理

自行车的车座往往设计成马鞍形，这样做能够增大车座和臀部的接触面积，从而减少了臀部所受的压强（物体在单位面积上受到的压力），使我们在骑车的时候不容易感到劳累。车座的下面有很多很粗的弹簧，这些弹簧的作用是减震，它们利用自身的弹力，减小车座在行驶过程中产生的震动。

还有一点特别重要，大家一定要注意：当我们骑车的速度很快或者下坡的时候，不能突然刹住前面的车轮。在前面我们讲过惯性力，当前轮突然停止行驶，后轮由于惯性会继续行驶，所以这个时候，后轮很容易跳起来。这是非常容易发生交通事故的。

体育比赛中的摩擦力

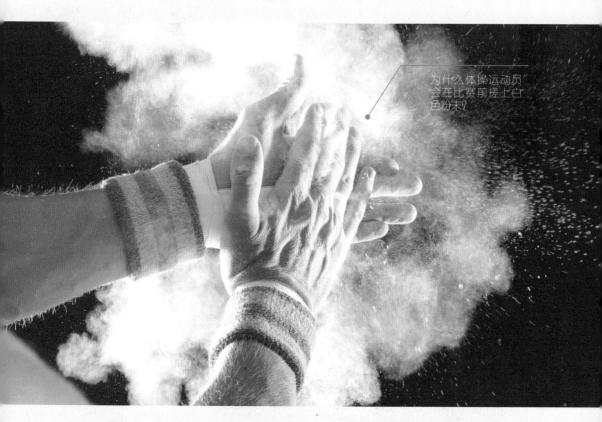

为什么体操运动员会在比赛前搓上白色粉末？

　　我们经常看到运动员在比赛前都会在手上搓白色的粉末，特别是举重运动员、体操运动员。这些白色的粉末是面粉吗？难道它们是运动员取得胜利的筹码吗？

　　白色的粉末不是面粉，是一种叫作"碳酸镁"的化学物质，通常人们会把它叫作"镁粉"。镁粉具有质量轻、吸水性强的特性。那么为什么运动员要在手上搓镁粉呢？

　　在进行举重或者体操等比赛时，运动员的手要与比赛器械接触，比赛时情绪容易紧张，因此手心常常会冒汗。此时，手掌和器械之间的摩擦力就会减小，会影响到运动员的比赛质量，甚至器械会从运动员的手中脱落，对运动员的人身安全产生严重的威胁。

镁粉有很强的吸水性能，可以把手中的汗吸走。另一方面，镁粉可以增大手掌和器械的摩擦力，使运动员能很好地控制器械，更好地发挥自己的水平。

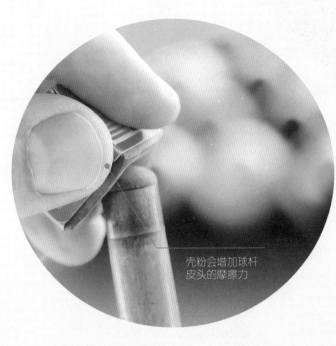

壳粉会增加球杆皮头的摩擦力

除此之外，我们平时看到的台球比赛也用到了一种粉末，我们通常称之为"壳粉"。运动员会经常在球杆皮头上涂壳粉，这样做增大了皮头和母球之间的摩擦力，使选手在击球时更加准确到位。

除了增加摩擦力以外，有的体育项目需要运动员去减少摩擦力，比如冰壶比赛。这是一种在水平的冰面上举行的比赛项目。

冰壶比赛时首先运动员需要投壶，将手中的冰壶投出去之后，冰壶会在冰面上先加速后减速运动，如果冰壶最终停留在指定的圆圈里，就会得到一分。投壶运动员多数情况下做不到用力恰到好处，正好将冰壶停留在圆圈里。这个时候就需要其他队员的配合了。

队员可以用毛刷刷冰来调节冰壶的运动速度。当投壶运动员在投壶时用的力气偏小，不能使冰壶到达指定的圆圈里时，其他队员立即用毛刷擦拭冰壶前的冰面，因为摩擦生热，使冰面融化，在冰表面会形成一层水膜，从而减小了摩擦力，加快了冰壶前行的速度，让冰壶顺利到达预期的位置。

刷冰可以改变冰壶运
行轨道上的摩擦力

一般情况下，运动员刷冰可以将冰壶在冰面上运动的位移增加
3~5 米，当然也有更厉害的，瑞典的一个团队曾经让冰壶多滑了 8 米。

总之，体育运动中包含了太多太多的力学知识了，小到运动员的
一个姿势，大到器械的构造，都和力学知识有密切联系。

拔河比赛中的取胜秘诀

拔河比赛是大家都很喜欢的团队合作比赛，那么我们在比赛中取
得胜利的关键是什么呢？有的人会说：力气。可是，这个问题并不仅
仅是力气这么简单。

让我们一起来分析一下吧。当裁判宣布拔河比赛开始时，双方都
会用力拉手中的绳子。现在我们对拔河比赛中的一个队员进行受力分

析。在比赛过程中队员在水平方向上受到两个力的作用：对方通过绳子对自己的拉力，队员的双脚与地面的摩擦力，而这两个力的方向又是相反的。当对方的拉力大于队员与地面的摩擦力的时候，这名队员就会滑向对手的方向，那么这场比赛就会输掉。

如何在拔河比赛中获胜呢？

因为我们不能控制对方拉力的大小，我们只能通过增大队员与地面的摩擦力来提高自己胜利的可能性。增大地面摩擦力的途径有哪些呢？

首先，我们可以增大地面与鞋底的摩擦因数，可以穿上鞋底凹凸不平的防滑鞋子；其次，我们也可以增加队员对地面的压力，挑选出体重相对较大的队员。所以在拔河比赛中，我们可以通过增大自己队员的拉力和增大队员与地面的摩擦力来获得优势。

不过，胜负很大程度上还取决于队员的技巧。比如，我们的脚要使劲蹬地，这样就可以增大自己对地面的压力。身体往后仰也是

增大地面和鞋底的摩擦力是一个制胜技巧

增大我们对地面压力的一种途径。这些技巧都是为了增大我们和地面间的摩擦力。

物理中的力学是不是很神奇呢？等到下次拔河比赛的时候，你可以试试看哦。

留给你的思考题

1. 无论是鞋底还是轮胎上，都有很多的花纹，那么这些花纹只是为了好看吗？

2. 在前面的筷子提米实验中，如果我们用黄豆替代大米，或是用金属筷子替代木筷，结果会有哪些变化？不妨试一试吧！

你知道吗？

摩擦力虽然有时会让我们做事情都变得更加费力，但它也在无形中保护着我们，方便着我们的生活。比如：为了增大摩擦力，轮胎或是鞋底设计有凹槽，防止打滑；饮料瓶的瓶盖四周设计上竖纹，增大摩擦，易于拧开；在雨后或是雪后的马路上行驶，司机在轮胎上增加防滑带，摩擦力增大，行驶更安全。而我们使用的很多产品，如手机、电脑等，内部很多零件也利用了摩擦力将其固定，如果没有摩擦力，你的手机可能晃一晃就会散架。

瓶盖上的竖纹是为了增大摩擦，方便人们拧开